En Busca del Quark

En Busca del Quark

Una Introducción para estudiantes a la Física de Partículas

Por

Dra. Linda Bartrom-Olsen

Traductora
Brenda Ochoa

Artista Gráfico
Juan Pablo Larios

To order additional copies of this book, contact:
Xlibris LLC
1-888-795-4274
www.Xlibris.com
Orders@Xlibris.com
140488

Índice

Lista de Figuras

Lista de Tablas

Dedicación

En memoria de mi hijo Eric
"de una familia pequeña en una calle grande"
quien está en mis pensamientos y en mi corazón
cada momento de mi vida.

. . . . y a mi papá
quien en esas noches en la mesa de la cocina
conmigo y mis matemáticas
vive por siempre en mi corazón.

Agradecimiento a Rotary International
y Rotary Disctrict 5320
por su apoyo a este proyecto intercultural

"Todo proviene de todo.
Todo es hecho de todo,
Y todo puede ser convertido en algo más."

Leonardo da Vinci

Capítulo 1

Introducción

Hace mucho tiempo desde la edad griega de Aristóteles, el hombre ha estado proponiendo que la composición química de su mundo se basa en la pequeña unidad llamada el "átomo" proveniente del latín *atomum* y éste del griego que significa indivisible (o no divisible). Así como la teoría química progresaba a través de los siglos, los físicos comenzaron a hacer investigaciones sobre la composición interior de la unidad atómica. Esto resultó en la tabla periódica de los elementos diseñados por Mendeleev durante el siglo XIX. Finalmente, en el siglo XX se descubrió la verdad: no sólo es el átomo divisible, sino que también está compuesto de partículas bien definidas, discretamente clasificadas.

La Teoría Atómica clásica basa la materia en una unidad conocida como el átomo, compuesto de un núcleo céntrico que contiene varios números de protones y orbita (en velocidad cercana a la luz) por varios números de electrones. El átomo más pequeño es el del hidrógeno con solamente un protón cargado positivamente, como el núcleo y puesto en órbita por un electrón cargado negativamente. Entonces las cargas se anulan entre sí y el átomo se neutraliza. Todos los otros átomos son múltiplos de hidrógeno, del helio con dos protones y dos electrones, al uranio con 92 protones orbitado por 92 electrones como se muestra en la **Figura 1**. Además, las partículas neutrales cargadas llamadas neutrones también pueden residir en el núcleo. Puesto que los neutrones no tienen carga, estos no afectan la neutralidad del átomo, sino que sólo añaden a su masa. Los átomos más grandes con mayor número de electrones que rodean sus núcleos tienen estos electrones puestos en niveles específicos de trayectorias orbitales. Son, sin embargo, sólo los números de electrones exteriores que determinan las características químicas de un átomo, incluyendo así o no, cómo y en qué medida, el átomo interactuará con los electrones exteriores de otro átomo.

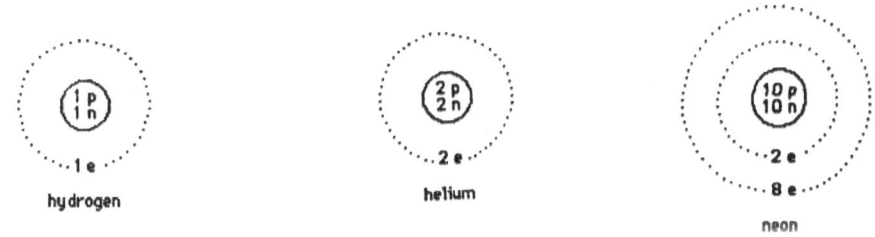

Figura 1 H, He, Ne

Conforme avanzaba el tiempo, otras partículas hicieron su aparición en la lista de las partículas subatómicas. Aunque sus cargas y masas (o la falta de estas) podrían ser detectadas, las relaciones entre sí permanecieron, en su mayor parte, en una anomalía; hasta los años 60's. Mientras el mundo político se rasgaba por dentro y los pasillos sagrados de la enseñanza superior se estaban convirtiendo en focos de disensión, los campus universitarios ingresaban en la edad de la demostración, estaba ocurriendo una revolución silenciosa en los círculos científicos: la evidencia finalmente había sido reunida para propuestas formales con referencia a partículas desconocidas de carácter ordenado que en realidad constituyen las partículas subatómicas—una familia de partículas sub-subatómicas, por así decirlo. Al principio, estas partículas subatómicas constituyentes fueron divididas en dos grupos: leptones y hadrones.

Una de las principales revisiones en la perspectiva necesaria para entender la investigación de partículas sub-subatómicas, es la suspensión de lo que se conoce generalmente como la física newtoniana. Dentro de esta teoría clásica de la física, la materia fue identificada por tener ubicación de masa en función de tres dimensiones de espacio y (generalmente) de una dimensión de tiempo. El estudio de partículas tan pequeñas como leptones o los quarks que componen los hadrones (como los protones y neutrones), y que se mueven dentro de sus dominios en increíblemente pequeñas velocidades más allá de nuestra comprensión, exige una revisión en perspectiva. Lo que ahora se denomina como *El principio de incertidumbre de Heisenberg*, llamado así por su autor, aborda este problema.

Esencialmente, *El principio de incertidumbre de Heisenberg* concluye que a medida que aumenta el ímpetu de una partícula, la probabilidad de predecir la ubicación de (y por lo tanto, lo que permite el estudio de esta) su masa disminuye. Así, la nueva física de las partículas sub-subatómicas, que ahora se denomina física de partículas elementales, depende en gran medida de la probabilidad, los promedios estadísticos y redefinición de la teoría sobre la partícula-masa propia en términos de "energía del resto". De tal modo fue iniciada una física de "materia/energía" que Einstein había predicho, y sobre el cual la termodinámica había sido basada en teoría por varios años.

A pesar del uso de nombres desconocidos, las partículas que conforman el mundo de las partículas subatómicas, muestran un comportamiento asombrosamente consistente dentro de sus respectivos grupos. Sus conductas, sin embargo, deben recordarse (tal como en la teoría de Quark) son simplemente *modelos* que satisfacen actualmente a datos conocidos, y que están sujetas a cambios mientras la tecnología utilizada en la Partícula Elemental Física proporciona información adicional. El colapso de muchos de los hadrones más pesados, por ejemplo, es bastante predecible y análogo a la degeneración nuclear en serie de desintegración radioactiva. Sus nombre pudieran ser enlistados aquí, pero la terminología no es el punto. Los términos para las partículas subatómicas son sólo de valor en medida en que la física de partículas elementales y la teoría Quark nos permitan entender esa "cosa" llamada "materia" y a comprender la "energía" que trae consigo cambios en ésta. Las subdivisiones primordiales y simplistas dentro de la teoría del Quark de fermiones (análogos a la materia) y bosones (análogos a la energía) además de leptones y Hadrones, están diseñados para hacer precisamente eso. Pero antes vamos a darle un vistazo a la continua búsqueda de los últimos dos siglos para organizar y dar sentido al creciente número de partículas elementales llamadas átomos.

Capítulo 2

La Búsqueda de la simplicidad

La historia del desarrollo de la Tabla Periódica de los Elementos

La ciencia ha utilizado por mucho tiempo las gráficas para interrelacionar conceptos; la tabla periódica es un ejemplo de organizadores avanzados. ¿Qué mejor ejemplo de una estructura gráfica puede existir que la Tabla Periódica de los Elementos? Es un concepto que sirve como un mapa de un nivel muy alto, interrelacionando hoy las características de mas de cien atomos en una estructura significativa.

Evolucionando por el tiempo, los elementos fueron organizados por peso y luego ordenados de acuerdo a su comportamiento, delineando la regularidad de los comportamientos de lo físico y lo químico, y dando lugar al entendimiento de por que esas propiedades existen. En cuanto el número de los elementos creció, la tabla periódica estándar dejo lantánidos y actínidos suspendidos en el fondo, asignando su relación al resto enigmático. Una tabla periódica de los elementos ampliada la cual interrelaciona todos los elementos con cada uno presenta una útil primer gráfica en la química. Esto es de importancia particular para estudiantes de preparatoria donde los aprendices sin mucha experiencia en la materia son introducidos a la selección compleja de más de cien elementos actualmente incluídos en la tabla de elementos.

Desde el primer concepto a.C. de la tierra, el aire, el fuego y el agua, los primeros griegos llamaron a las partículas atomos, i.e. indivisible, (que no se puede dividir), porque ellos pensaron que cada una era una pequeña partícula sólida como un b-b. Los elementos griegos a veces los llamaban los "-ons", como el carbón, el hidrogeno, el borón, el nitrógeno, y el oxígeno por ejemplo, eran los que los griegos designaron como ser lementales. En cuanto los elementos crecían en número se les daban nombres y se les enlistaba por peso, hasta el siglo pasado y medio empezó a surgir la Tabla Periódica como la conocemos hoy. En cuanto el número de átomos creció y en cuanto un entendimiento más claro de las relaciones surgieron, los átomos fueron enlistados por peso.

En 1865 Newland había organizado elementos por comportamiento por medio de lo que él llamó su "Ley de octavos", en 1869 surgio el "Sistema Periódico" por Dmitri Mendeleev, y a mediados del siglo XX las categorías sub-orbitales dieron lugar a la tabla periódica de hoy. Los tres son ejemplos de la firme insistencia de la mente científica que en cuanto el número de los elementos aumentaba, los reordenaban en un esfuerzo de enfatizar su relación. Estos organizadores gráficos jugaron una parte en el surgimiento del conocimiento profundo del comportamiento en grupo y la búsqueda de la razón detrás de esos comportamientos.

El movimiento a mediados del 1800s desde la lista de los elementos por peso al conocimiento profundo de la relaciónes del comportamiento pudo ser organizado en una estructura que hizo estas relaciones obvias, fue como un rayo de luz para la química. Desapersivido en gran medida en su tiempo, John Alexander Reina Newlands escribió en *Chemical News in 1865*:

Si los elementos son organizados en orden de sus equivalentes [ie masas atómicas relativas en la terminología de hoy] con pocas transportaciones, será visto que los elementos que pertenecen al mismo grupo aparecen en la misma línea horizontal. También los números de elementos similares se diferencian por siete o múltiplos de siete. Los miembros están al lado el uno al otro en la misma relación como las extremidades de uno o mas octavos de música . . . . Esta relación particular propongo llamarla la Ley de Octavos.

La tabla de Newlands, **Figura 2,** fue basada en el comportamiento quimico repitiendo cada ocho elementos; curiosamente, hace algo que la tabla de Mendeleev no hace: Newlands asignó números a los elementos, no a su peso. El peso más bajo de diferentes comportamientos son ordenados verticalmente a la izquierda, con elementos que actúan como ellos yendo al lado de ellos. El concepto de la estructura de los elementos ha empezado, claramente postulando por medio de su gráfica una predicción de patrones en las propiedades de los elementos.

H 1	F 8	Cl 15	Co/Ni 22	Br 29	Pd 36	I 42	Pt/Ir 50
Li 2	Na 9	K 16	Cu 23	Rb 30	Ag 37	Cs 44	Tl 53
Gl 3	Mg 10	Ca 17	Zn 25	Sr 31	Cd 34	Ba/V 45	Pb 54
Bo 4	Al 11	Cr 18	Y 24	Ce/La 33	U 40	Ta 46	Th 56
C 5	Si 12	Ti 19	In 26	Zr 32	Sn 39	W 47	Hg 52
N 6	P 13	Mn 20	As 27	Di/Mo 34	Sb 41	Nb 48	Bi 55
O 7	S 14	Fe 21	Se 28	Ro/Ru 35	Te 43	Au 49	Os 51

Figura 2 Newlands' Tabla de contenidos

Cuatro años despues de que Newlands propuso su Ley de Octavos y la tabla que lo muestra, Dmitri Mendeleev presentó su "sistema periódico" a la Sociedad Química Rusa el 6 de marzo de 1869, y lo publicó el mismo año en *Zeitschrift für Chemie*. Él es recordado como el creador de la "Tabla Periodica" aunque el lo llamaba un "sistema periódico" **Figura 3**. Él incluyó todos los elementos conocidos y confió lo suficiente en su sistema para dejar huecos donde la estructura lógicamente predijo como debe ser un átomo. La manera en la que él desarrolló la gráfica fue el de escribir las propiedades de los elementos en pedazos en una tarjeta y (de acuerdo a la tradición) después de haber organizado las tarjetas, de repente se dio cuenta de que si él organizaba los elementos de las tarjetas en orden de aumento por peso atómico, los tipos de elementos de comportamiento ocurrían repetidamente o periódicamente. A esto se debe su nombre a la estructura:

"Sistema Periódico."

Ueber die Beziehungen der Eigenschaften zu den Atomgewichten der Elemente. Von D. Mendelejeff. — Ordnet man Elemente nach zunehmenden Atomgewichten in verticale Reihen so, dass die Horizontalreihen analoge Elemente enthalten, wieder nach zunehmendem Atomgewicht geordnet, so erhält man folgende Zusammenstellung, aus der sich einige allgemeinere Folgerungen ableiten lassen.

				Ti = 50	Zr = 90	? = 180
				V = 51	Nb = 94	Ta = 182
				Cr = 52	Mo = 96	W = 186
				Mn = 55	Rh = 104,4	Pt = 197,4
				Fe = 56	Ru = 104,4	Ir = 198
			Ni = Co = 59	Pd = 106,6	Os = 199
H = 1				Cu = 63,4	Ag = 108	Hg = 200
	Be = 9,4	Mg = 24	Zn = 65,2	Cd = 112	
	B = 11	Al = 27,4	? = 68	Ur = 116	Au = 197?
	C = 12	Si = 28	? = 70	Sn = 118	
	N = 14	P = 31	As = 75	Sb = 122	Bi = 210?
	O = 16	S = 32	Se = 79,4	Te = 128?	
	F = 19	Cl = 35,5	Br = 80	J = 127	
Li = 7 Na = 23	K = 39	Rb = 85,4	Cs = 133	Tl = 204	
	Ca = 40	Sr = 87,6	Ba = 137	Pb = 207	
	? = 45	Ce = 92			
	?Er = 56	La = 94			
	?Yt = 60	Di = 95			
	?In = 75,6	Th = 118?			

1. Die nach der Grösse des Atomgewichts geordneten Elemente zeigen eine stufenweise Abänderung in den Eigenschaften.

2. Chemisch-analoge Elemente haben entweder übereinstimmende Atomgewichte (Pt, Ir, Os), oder letztere nehmen gleichviel zu (K, Rb, Cs).

3. Das Anordnen nach den Atomgewichten entspricht der *Werthigkeit* der Elemente und bis zu einem gewissen Grade der Verschiedenheit im chemischen Verhalten, z. B. Li, Be, B, C, N, O, F.

4. Die in der Natur verbreitetsten Elemente haben *kleine* Atomgewichte

Figura 3 Sistema periódico de Mendeleev

Estos dos científicos descubrieron nueva información y dieron sentido a esto al conectar los conceptos a otros conceptos. Profundisando más, su trabajo estaba basado únicamente en la observación, lo más puro del empiricismo. No había, a mediados de 1800s, absolutamente no razón para pensar que los elementos mostrarían periodicidad, no había una idea preconcebida guiando su trabajo, y una explicación razonable para el fenómeno no podría estar disponible por otros 50 años. El trabajo de Newlands y Mendeleev fue extraordinario en su creatividad y audacia.

La tabla periódica estándar de los elementos utilizados hoy es familiar para el aprendiz pero mucho del lenguaje representando los conceptos acerca de la periodicidad es completamente nuevo. Los cuadros de la tabla están llenos con una plétora de datos físicos y quimico y la organización está basada en sub-orbitales con los 2-s electrones a la izquierda y los 6-p electrones a la derecha, completando el octeto en los caparazones más extremos. El centro está ocupado por la caída de los 10-d elementos de electrones, los "metales transicionales" llenando en un nivel por debajo de lo ma extremo, y después los lantánidos y actanidos, los metales "raros de la tierra", llenando dos niveles de los caparazones por debajo de lo más extremo. Estos últimos elementos son separados por el resto de la tabla al fondo, abajo en dos hileras.

El número de los átomos que compone el universo es difícil de comprender para los estudiantes y lo hace más enigmático por la separación de los lantánidos y actínidos solos al fondo de la tabla. Curiosamente, el hecho de que estos están colgados por si solos al fondo del papel o la tabla es en gran parte debido a la medida y proporción del papel, y no a ninguna consideración pedagógica o teorética. Si los cuadros van a ser lo suficientemente grandes para guardar información entonces este arreglo es la solución más práctica, **Figura 4**. ¿Pero a dónde deja esto a los estudiantes principiantes de química?

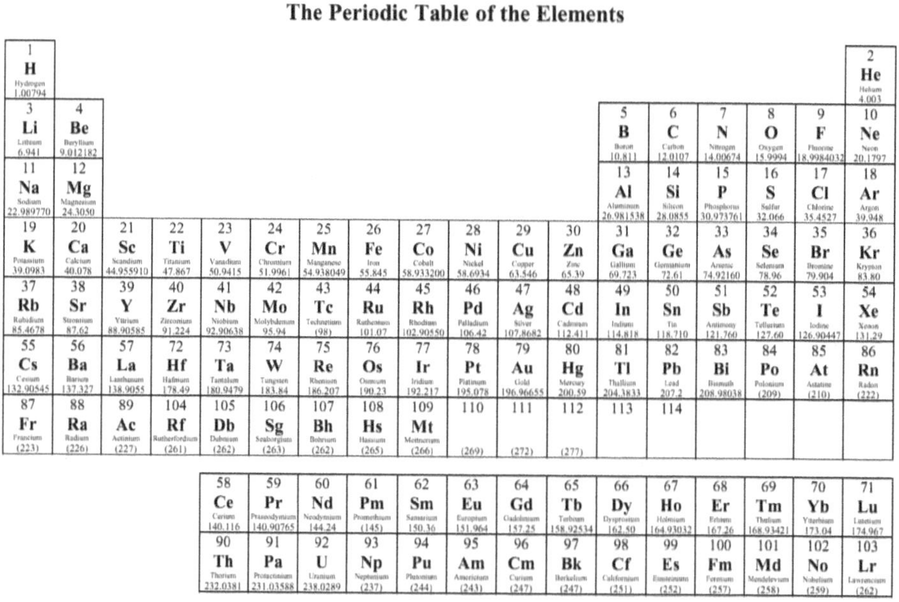

Figura 4 Tabla Periódica Estándar

Entonces, mientras la tecnología avanzaba y el número de elementos había crecido, la gráfica de la tabla periódica de los elementos estándar dejó (debido a la restricción de la proporción del papel) dos hileras de elementos pesados conlgando libremente al fondo, como si "fueron creados después" como dicen a veces mis estudiantes, y con su relación al resto sin especificar. Por la introducción de los elementos, sin embargo, una estructura la cual interrelaciona *todos* los elementos como una unidad integral, e incorpora los lantánidos y actínidos pueden establecer la unidad de la tabla. Mientras que no muestra detalles de la forma clásica debido a los cuadros pequeños de cada elemento, una versión ampliada claramente muestra al estudiante principiante que *todos* los elementos son verdaderamente parte del todo. Esto refuerza una percepción inclusiva de las interrelaciones elementales antes de utilizar la forma estándar para los detalles individuales atómicos.

La tabla periódica ampliada muesta al estudiante principiante que todos los elementos son verdaderamente parte del todo. Esta gráfica puede ser utilizada para introducir los elementos; esto conceptualmente interrelaciona *todos* los elementos y provee una percepción sólida y más inclusiva de las interrelaciones elementales para los estudiantes principiantes de química. La tabla periódica ampliada mostrada en la **Figura 5**, facilita la introducción las relaciones elementales en una forma uniforme antes de utilizarse la forma estándar de la tabla con sus cuadros grandes e información expansiva.

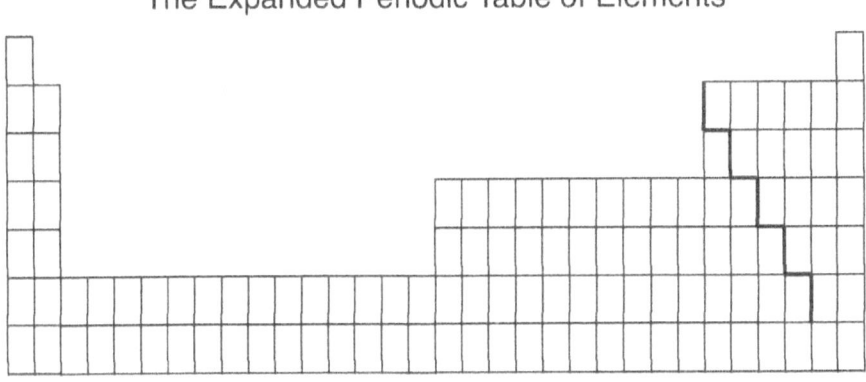

The Expanded Periodic Table of Elements

Developed by: Dr. Bartrom, VPHS
Layout by: Pablo Lanos, Graphic Design VPHS

Figura 5 Tabla periódica ampliada

La tabla periódica de los elementos provee acceso a los aprendices para percibir la interrelación múltiple entre átomos: número atómico, caparazones denotando tamaño por hilera, electrones en el caparazón más extremo denotando comportamiento por la columna vertical. La prueba adicional dentro de esta estructura de los actínidos y los lantánidos de donde pertenecen por medio de la tabla ampliada, aunque los cuadros tienen menos detalles, provee a los estudiantes una gráfica organizada completa. Ésta menos detallada gráfica provee un marco al principio del entendimiento, seguido por una utilización gráfica más detallada, vis-a-vis a la tabla estándar con cuadros más grandes manteniendo mucha más información después. Las gráficas lógicas estructuradas las cuales enfatizan las interrelaciones de los conceptos provee al aprendiz con una herramiena de aprendizaje durante la instrucción, una estructura cognitiva de retención, y una base para la adquisición de un conocimiento más profundo. Esto fue verdad en la historia de la química como ciencia, y es tan verdad hoy en el salón donde pasamos ese legado del conocimiento directo hacia el futuro.

Capítulo 3

Las unidades compuestas de materia/energía: Bosones y fermiones

La materia y la energía en la física de partículas elementales se asientan en una familia más incisiva de términos que comienzan en el nivel de bosones y fermiones. Los fermiones (análogos a la materia) pueden ser considerados los "ladrillos" de lo que está hecho el universo, mientras que los bosones (análogos a la energía) pueden ser considerados el "cemento" que los une. Los fermiones esencialmente interactúan entre sí mediante el intercambio de bosones.

La diferencia principal entre los bosones y fermiones está relacionada al *Principio de exclusion*, formulado en 1925 por Wolfgang Pauli. *El principio de exclusión* afirma que no hay dos partículas de cualquier tipo que puedan ocupar el mismo estado cuántico (leer la ubicación en el espacio) al mismo tiempo **Figura 6**.

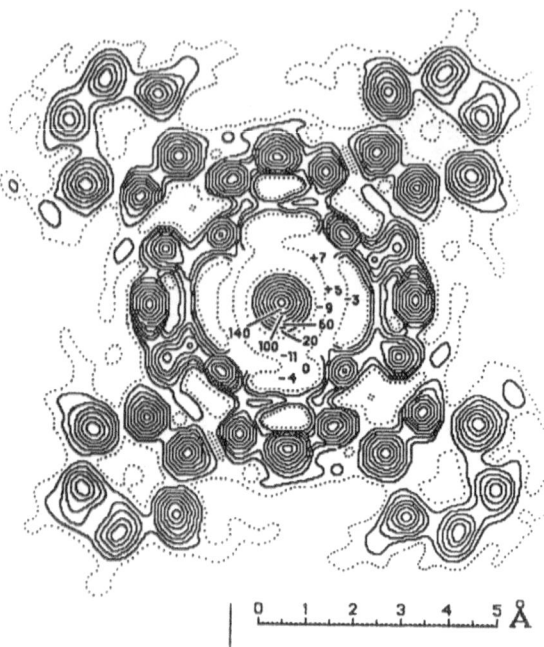

Figura 6 Mapa de electrones densos

Los fermiones son afectados por el principio de exclusión y tienden a no ocupar el mismo espacio al mismo tiempo, es decir se repelen entre sí, y cada uno debe existir "en su propio espacio" Los bosones por otro lado no cumplen con el principio de exclusión, y por lo tanto se agrupan. Pueden, en teoría, viajar en grupos masivos, y pueden determinar su estado cuántico y su cantidad determina el valor de energía y el tipo de bosón determina la clase de energía.

Bosones

Los bosones se clasifican según los tipos de cambio que traen los fermiones (la materia), y estas clasificaciones fundamentales del cambio se llaman las cuatro fuerzas. La fuerza fuerte, que une a los protones y a los neutrones es controlado por una familia de bosones llamada gluones por los físicos de partículas elementales.

La fuerza electromagnética, que une a las partículas cargadas opuestamente y produce el espectro electromagnético de la energía, se transmite por racimos o grupos de bosones llamados fotones. La fuerza débil, que está involucrada con la desintegración nuclear y se refiere a un cambio en la naturaleza de las partículas, es transmitida por los bosones de vector intermedio. Finalmente, los resultados de la fuerza gravitacional, en teoría, son el intercambio de bosones gravitones denominados "béisbol de vector intermedio". El campo de A Higg accionado por Boson de Higgs ha descubierto también con la afirmación de que puede desempeñar un papel en la fuerza gravitacional. **Tabla 1** organiza las Fuerzas y los bosones que producen sus efectos.

Boson Caracteristicas: las partículas de energía
—— Tabla 1 ——

Boson	Relative Strength	Force which Results	Symbol	Number	Spin Mass	Interact with	Function: To change...
Gluons	strongest	Strong Force	(none)	8		quarks	the "color" of the Quarks
Photons	strong	Electro-magnetic Force	γ	1	$1\hbar$	charged units	hadrons and atoms
Intermediate Vector Bosons	weak	Weak Force	W^{+}, W^{-}, Z°	3	$1\hbar$	hadrons	the "flavor" of Quarks or leptons
Gravition/ Higg's Boson	weakest	Gravitational Force	(none)	1	(not known)	matter/ Higg's Field	the proximity of matter

Tabla 1 Características boson Clasificaciones

Fermiones

Los fermiones, puesto que están de acuerdo con el principio de exclusión de Pauli, se repelen mutuamente y no se agrupan; sólo pueden ser unidos o agrupados por fuerzas que anulan su repulsión inherente del uno al otro. Los fermiones se subdividen en dos grupos básicos, llamados hadrones (compuestos de quarks) y los leptones (no divisibles). Teóricamente, en este punto, ni los quarks ni los leptones serían capaces de estar juntos en las unidades que llamamos átomos, debido a su rechazo del uno al otro. La fuerza fuerte entra ahora en la imagen. Los quarks son afectados por la fuerza fuerte (muy fuerte, de hecho, para superar el principio de exclusión), y están unidos entre sí por esta fuerza en unidades denominadas Hadrones (por ejemplo, los protones y neutrones). Además, la fuerza no sólo une a los quarks en Hadrones, también une a los hadrones en unidades que hemos llegado a conocer como los núcleos de los átomos. Por el contrario, los leptones, *no son* afectados por la fuerza. Entonces, deben ser completamente fiel al retrato Fermión descrito por el principio de exclusión y se rechazan entre sí ferozmente.

Esto significa que el leptón (por ejemplo, un electron) exhibe una fuerte repulsión para su propia clase. Así los electrones negativos, mientras que están siendo tremendamente atraídos por el núcleo positivo por la fuerza electromagnética, no pueden superar su repulsión del uno al otro, y se mantienen en un "baile" eterno alrededor del núcleo.

Resumen

La categorización compuesta de fermiones y bosones establecidas por la física de partículas elementales ofrece más que un sistema teórico, más completo de clasificados con respecto a la materia y la energía. Va un paso más allá de las reacciones químicas y eléctricas que explican la estructura electrónica del átomo y nos lleva al Reino primitivo de explicar la estructura del átomo del mismo.

Capítulo 4

La familia Fermión

La familia Fermión (análogo a la materia) de partículas son sujetos al principio de exclusión de Pauli. Las dos principales subcategorías dentro de esta familia son leptones y hadrones. Los leptones son fermiones que no se pueden subdividir. Los hadrones son fermiones que están compuestos de partículas aún más pequeñas llamadas quarks.

Leptones

La subdivisión leptón de la familia Fermión está categorizada por tres características principales:

1) Los leptones no se pueden subdividir,
2) Los leptones están sujetos al principio de exclusión de Pauli,
3) Los leptones no se ven afectados por la fuerza y por lo tanto no se agrupan.

La familia leptón básicamente incluye seis partículas y sus correspondientes antipartículas. Las partículas LEPTON incluyen el electrón y e-neutrino, el muón y m-neutrino, el tau y t-neu-trinos. **(Ver tabla 2)** Los anti-leptones son las partículas correspondientes de masa idéntica pero de cargas opuestas. Todos los leptones y anti-leptones se consideran elementales, porque (en la actualidad) parece que no puede descomponerse en entidades más pequeñas, es decir, no dan ningún indicio de cualquier estructura interna.

Clasificaciones Generales de Lepton
———————— Tabla 2 ————————

MASSED LEPTONS	MASSLESS LEPTONS
electron	e-neutrino
positron ("anti-electron")	e-antineutrino
muon	μ- neutrino (mu-neutrino)
anti-muon	μ-antineutrino (mu-antineutrino)
tau	t-neutrino (tau-neutrino)
anti-tau	t-antineutrino (tau-antineutrino)

Tabla 2 Clasificaciones generales Lepton

Desde los leptones se encuentran generalmente en movimiento (a muy altas velocidades), un mayor desglose o clasificación de ellos está avanzada dependen de su giro (sobre su propio eje individual) con relación a la dirección de su impulso hacia adelante. "Zurdo" es el término aplicado a todos los leptones que tienen un giro axial en la dirección opuesta de su ímpetu. Los leptones Zurdos incluyen los neutrinos, leptones cargados (por ejemplo, electrones) y muones positivos. Los Leptones "Diestros" designan los leptones con giro en la misma dirección a su impulso e incluyen anti-neutrinos, leptones cargados y muones negativos, **Tabla 3**.

Características Lepton seleccionadas
——— Tabla 3 ———

Particle Name	Symbol	Rest Energy	Half-Life	Electrical Charge
e-neutrino	γ_e	0	Stable	0
e-antineutrino	$\bar{\gamma}_e$	0	Stable	0
μ-neutrino	γ_μ	0	Stable	0
μ-antineutrino	$\bar{\gamma}_\mu$	0	Stable	0
proton	e^+	0.51 MeV	Stable	+
electron	e^-	0.51 MeV	Stable	-
positive muon	μ^+	105.6 MeV	1.5×10^{-6} sec	+
negative muon	μ^-	105.6 MeV	1.5×10^{-6} sec	-

Tabla 3 Características de leptones seleccionadas

Hadrones

Los Hadrones, en comparación con los leptones, son considerablemente más complejos. Existe evidencia que ellos no son elementales, sino que tienen algún tipo de estructura interna. Hasta este punto se han identificado más de 100 clases de Hadrones. Incluyen tales partículas como los protones, neutrones, mesones e hyperiones, así como sus correspondientes partículas de antimateria.

La gran variedad de Hadrones, con sus muchas diferencias, ahora se explica por una teoría más ampliamente aceptada de la física: que los hadrones son en realidad compuestos de unos componentes más simples llamados quarks. Hasta la fecha, sólo cinco quarks han sido identificados, mientras que un sexto se conjetura que existe para completar el carácter paralelo de componentes de la materia. Aunque algunas propiedades de estas unidades de quark lepton-como, hay un denominador común enfático que fundamentalmente se separa de los leptones: sus interacciones se rigen por la fuerza, que no afecta en absoluto a los leptones.

Una teoría como ésta, que representa todas las variedades de la materia con sólo unos quarks (composición de Hadrones) y unos leptones, tiene una economía de escala atractiva. Pero aunque la teoría del Quark ha ganado una amplia aceptación en la última década, hay que reconocer que no hay ninguna evidencia directa que muestre que realmente existen los quarks por si mismos. Es decir, no hay ninguna evidencia directa que existen en el aislamiento antes de que los Hadrones se fracturen por impacto. Además, se detectan mediante dispositivos diseñados específicamente para notar su presencia. Este hecho de ninguna manera tiene credibilidad sobre la teoría de quark. Pero el no señalar estos hechos sería un gran error al igual como lo sería el desechar la teoría ante la cantidad de información acumulada hasta el momento. Las relaciones del Quark entre sí son experimentalmente observables que contestan preguntas cuantificables y hasta ahora es mejor que cualquier pasado premisa ha ofrecido. Por lo tanto, proporcionan un marco útil para nuestro retrato de la evolución de lo que "importa" en realidad.

Características del Quark

La hipótesis del quark fue propuesta independientemente en 1963 por Murray Gell-Mann y George Zweig, ambos del Instituto de tecnología de California. Nombraron a tres tipos de quarks: el u-quark ("u" para arriba), el d-quark ("d" para abajo) y el s-quark ("s" para extraños), así como sus opuestos anti-quark: $\bar{u}$, $\bar{d}$ y $\bar{s}$. Otros dos físicos, Bjorken y Glashow de la Universidad de Harvard llamado un cuarto el "encantado quark" (señalado como "c") y la partícula de antimateria, $\bar{c}$. En 1978, Leon Lederman contribuyó aún más a través del descubrimiento de un quinto quark que él designó como Upsilon. El quark Épsilon se conoce más recientemente como el quark inferior o b-quark. El sexto quark, el quark "top", fue descubierto en 1995 y es la contrapartida del quark bottom. La u y d-quark son los más pequeños del lote-una extraña distinción ya que todos los quarks no son más que pointal en existencia. Mientras que el quark encantado es comparativamente masivo, el quark Epsilon (o b) es el más masivo de todos. El s-quark únicamente muestra toda la calidad de extrañeza, un término que se aplica al grado de estabilidad o resistencia a la descomposición, es decir, los hadrones compuestos de s-quarks tienen vidas muy largas.

Composiciones del Quark

La familia entera de los hadrones se compone de estos diversos quarks y sus homólogos de la antimateria en combinaciones que se ajustan a tres simples, conjunto de reglas:

1. Una posibilidad es que un quark y un anti-quark se unen; la partícula resultante es un miembro de la clase de Hadrones llamados mesones (por ejemplo, un mesón pi o pión se compone de un u-quark y un quark-d).
2. Una segunda combinación permitida consiste de tres quarks en un sistema encuadernado. Los Hadrones formados de esta manera se denominan bariones (griego para el "pesado"). Ejemplos incluyen el protón (con la composición de quark de uud) y los neutrones (con la composición de quark de udd).
3. La combinación final posible (conocida) del quark es la familia de anti bariones, formado por medio de tres anti quarks.

Estas son las únicas formas permisibles, actualmente conocidas que combina los quarks formando hadrones. Obviamente, existen otras combinaciones posibles (por ejemplo, las partículas de dos quarks o de un quark y dos anti-quarks) pero tales Hadrones, en este momento, no se sabe si existen.

La composición del Quark de Hadrones

Los Hadrones derivan sus propiedades **(ver tabla 4)** de los quarks que los componen, y un vistazo a las posibles propiedades que posea cada quark está en orden. Cada quark, si ya es conocido o si aún está esperando su descubrimiento, transmite a los hadrones tres características definitivas: número de barión, hipercarga y carga eléctrica.

El Número de Barion implica al número de quarks componiendo el hadrón. Si el hadron está compuesto de dos quarks, el colisionador es un mesón y tiene un número de barión de 0 (cero). Si el hadrón está compuesto por tres quarks, el hadron es un barión y tiene un número de bariones de +1 o—1, dependiendo de si es materia o antimateria. Los protones y neutrones, a modo de ejemplo, son bariones. Hipercarga es una característica de Hadrones que implican las vueltas acumulativas de sus quarks compuestos. La vuelta de cada quark se llama su "atich barra valor ($\hbar$)". Esta característica señala, cuando se consideran todos los quarks componiendo un Hadrón, el ímpetu angular orbital total del hadron. La propiedad de carga eléctrica de Hadrones, asigna un valor entero, predetermina que la carga eléctrica inherente de un quark individual debe ser una fracción de los cambios llevados por otras de las partículas conocidas. Los quarks, en esta escritura, se asignan las cargas eléctricas de más o menos 1/3 o múltiplos u-quarks asignan, por ejemplo, una carga eléctrica de 2/3, y d-los quarks se les asigna una carga eléctrica de—1/3. Puesto que los protones se cree que son compuestos por el quark circunscripción uud, esto se traduce en una carga eléctrica acumulada de (+2/3) + (+2/3) + (-1/3) = 1, que satisface los datos presentes en la carga eléctrica del protón mostrada en la **Tabla 4**.

Propiedades de hadrones seleccionadas
———— Tabla 4 ————

	Hadron	Symbol	Rest Energy in MeV	Spin	Baryon Number
MESONS / 2q (even quark number)	neutral pion	π	135	0	0
	+ and - pions	π^+, π^-	140	0	0
	+ and - K mesons	K^+, K^-	494	0	0
	neutral K mesons	$K^\circ, \bar{K}^\circ$	498	0	0
Baryons / 3q (odd quark number)	proton & anti-proton	$p, \bar{p}$	938	$\frac{1}{2}\hbar$	+1, -1
	neutron & anti-neutron	$n, \bar{n}$	940	$\frac{1}{2}\hbar$	+1, -1
	lambda & anti-lambda	$\Lambda^\circ, \bar{\Lambda}^\circ$	1116	$\frac{1}{2}\hbar$	+1, -1
	sigma$^+$ & anti-sigma$^+$	Σ^+, Σ^-	1189	$\frac{1}{2}\hbar$	+1, -1
	sigma$^\circ$ & anti-sigma$^\circ$	$\Sigma^\circ, \Sigma^\circ$	1192	$\frac{1}{2}\hbar$	+1, -1
	sigma$^-$ & anti-sigma$^-$	Σ^-, Σ^-	1197	$\frac{1}{2}\hbar$	+1, -1
	xi$^\circ$ & anti-xi$^\circ$	Ξ°, Ξ°	1315	$\frac{1}{2}\hbar$	+1, -1
	xi$^-$ & anti-xi$^-$	Ξ^-, Ξ^-	1321	$\frac{1}{2}\hbar$	+1, -1

Tabla 4 Propiedades de hadrones seleccionadas

La subdivisión del hadrón de fermiones es obviamente más complicada que la subdivisión de leptones ya que los hadrones son compuestos de piezas todavía más pequeñas. Los Leptones, usted recordará, son elementales. Otra vez, la circunscripción del hadrón está determinada por el número y tipo de quarks que lo componen. Por lo tanto, las tres características básicas de los quarks (es decir, número de barión, hipercarga y carga eléctrica) predica la principal característica de Hadrones, también.

Número de Barion

El Número de Barión es una propiedad de los Hadrones que depende del número de quarks, de las cuales están compuestas. Existen dos grupos de Hadrones señalados según su número de bariones: bariones y mesones. El título de "número de barión" por sí mismo puede ser engañoso; fue asignado porque los subgrupos de bariones terminan con un número (a veces denominado por una cantidad conservada) y los mesones no. Los Bariones están compuestos de tres quarks y por lo tanto, son hadrones con un número de bariones distinto al del cero. Se ha propuesto que bariones se componen de dos quarks (1 número de barion asignados) y un anti-quark (asignado −1) para los bariones, esto entonces produce un número de barion de +1 +1 -1 = +1. Los anti-bariones, por otro lado, se conjeturaba que para estar compuesto de dos anti-quarks (asignados −1) y un quark (asignado +1), producía un número de barion −1-1+1 = −1. Con respecto a este punto, parece, en este momento, ser conjeturas disparatadas en diversos lugares de investigación, no un fenómeno desconocido ni inesperado en la fase de inicio de cualquier nueva rama de la ciencia.

Los descubrimientos científicos parecen a menudo estar en desacuerdo el uno con el otro, y esto ciertamente plantea un problema en relación con las escuelas de pensamiento conjeturando que los quarks y los anti-quarks no se combinan. Sin embargo, sirve como una categorización principal de la familia de los hadrones. Los protones y los neutrones son ejemplos de bariones. Los Mesones, por el contrario se propone, se componen de dos quarks y son hadrones con un número de bariones de cero. Tienen "energías restantes" menos que un protón y hay acuerdo general que se componen de un quark y un anti-quark; Esto produciría una combinación de 1-1 = 0 y de hecho resulta en un número de barión de cero.

Hipercarga

La segunda clasificación importante de los Hadrones, conforme a las cualidades de los quarks que contienen, es la hipercarga: una medida de impulso angular orbital o spin que se denomina valor aitch bar y está representada por el símbolo ℏ. Los Quarks son valores asignados de la vuelta de más o menos ½ dependiendo de la dirección de su giro. Esta característica, entonces, se refiere a hadrones compuestos de tres quarks, es decir bariones, que cede un giro medio entero. Son ejemplos de combinaciones:

$+½ +½ + ½ = 3/2 ℏ$ o

$+½ -½ +½ = ½ ℏ$

Los Mesones, por otro lado, compuestos de dos quarks, tampoco pueden tener giro paralelo:

$+½ +½ = 1ℏ$

O spin opuesto:

$+½ -½ = 0ℏ$

Pero en cualquier caso ceden una vuelta entera.

Carga eléctrica

La tercera calidad de Hadrones se denomina como la carga eléctrica. La carga eléctrica está determinada por el tipo de quarks, de los cuales se compone y es una cualidad intrínseca de los quarks mismos. Esto la distingue desde el número de bariones, dependiendo del número de quarks presentes, o la hipercarga que es dependiente en su orientación en el espacio. Como las cargas eléctricas asignadas a los hadrones comunes son números enteros, se decidió que las cargas eléctricas asignadas a los quarks deben ser fracciones de las cargas llevadas por otras de las partículas conocidas. Cuatro de los seis quarks conjeturan que se han asignado los valores eléctricos que se ajustan a bariones conocidos y los valores de carga eléctrica mesón. (**Véase Tabla 5**) Para los protones y los neutrones estos valores de carga eléctrica funcionan de la siguiente manera:

Protones =

$$uud = +2/3e +2/3 - 1/3e = +1e$$

Neutrón =

$$udd = +2/3e - 1/3e - 1/3e = 0e$$

Resumen

En resumen, los fermiones, que comprenden el porción de nuestro universo conocido como materia, se subdividen en dos categorías: leptones y hadrones. Los Leptones, según el principio de exclusión de Pauli, no se agrupan (es decir, ellos se repelen mutuamente). Los Hadrones, por otro lado y los quarks que componen, se agrupan porque la fuerza supera sus hadrones naturales que los enpareja o une en grupos de dos quarks denominados mesones. Y los hadrones unidos en grupos de tres quarks se denominan bariones.

El estudio de las propiedades del quark a veces se llama chromodyamics cuántica. Esta terminología se deriva de las expresiones "sabor"—que designa si un quark está arriba o abajo, raro o encantado, profundo o—y superior (nombre tentativo) "color" que simplemente implica que hay más diferencias dentro de cada tipo de categoría del quark. Cada "sabor" del quark se piensa puede tener tres posibles "colores" o aún más diferencias.

El punto principal permanece, por supuesto, que las clasificaciones de hadrón por calidad del quark (aunque plagado con ciertas anomalías y divergencias conjeturales) está evolucionando rápidamente en una disciplina científica estructurada e integrada. En última instancia, la disciplina de la física de partículas elementales se pretende simplificar y clasificar los cientos de partículas subatómicas en relativamente pocas.

Clasificaciones de Quark
— Tabla 5

QUARK NAME	MATTER ABBREV.	ANTI MATTER ABBREV.	DISCOVERD BY	DATE	LOCATION	WEAK PEARING	ELECTRIC CHARGE (MATTER)
UP	u	$\bar{u}$	Gell - Mann and Zweig	1963	California Institute of Technology	u,d	$+2/3_e$
DOWN	d	$\bar{d}$	Gell - Mann and Zweig	1963	California Institute of Technology	d,u	$-1/3_e$
STRANGE	s	$\bar{s}$	Gell - Mann and Zweig	1963	California Institute of Technology	s,c	$-1/3_e$
CHARMED	c	$\bar{c}$	Bjorken and Glashow	1972	Harvard University	c,s	$+2/3_e$
UPSILON OR BOTTOM	b	$\bar{b}$	Lederman	1977	Fermilab	b,t	$-1/3_e$
"TOP"	t	$\bar{t}$	Abachi et al and Abe et al	1995	Fermilab and CERN	t,b	$+2/3_e$

Tabla 5 Clasificaciones del Quark

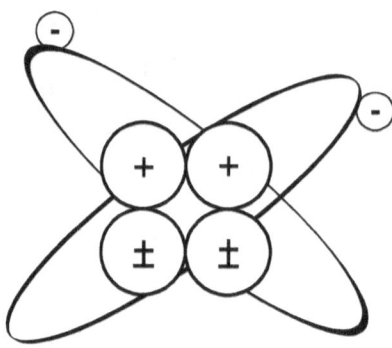

Pre Particle Physics
<u>Leptons-</u> $2e^-$
<u>Hadrons-</u> $2p^+$
$2n^{\pm}$

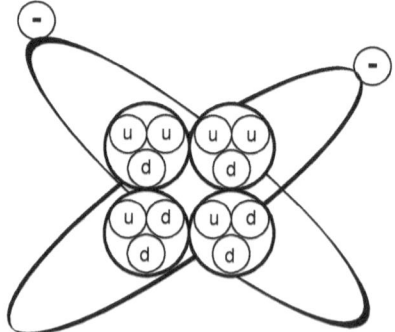

Post Particle Physics
<u>Leptons-</u> $2e^-$
<u>Hadrons-</u> $2p^+ \left\{ \begin{array}{l} \text{Quarks; 2 up,} \\ \text{1 down} \end{array} \right.$
$2n^{\pm} \left\{ \begin{array}{l} \text{Quarks;1 up,} \\ \text{2 down} \end{array} \right.$

Figure 7: A tale of Two Heliums

Capítulo 5

La familia bosón: Las fuerzas y los bosones que las produce

Además de los componentes de la partícula de materia, los componentes de partículas sin masa de energía son ahora reconocidos. Estos componentes de la energía se denominan bosones y provocan efectos, o cambios en, materia, denominado fuerzas.

Las fuerzas, en orden del más débil a través de los más fuertes, son: la fuerza gravitacional, la fuerza débil, la fuerza electromagnética y la fuerza fuerte. Generalmente hablando, entre mayor sea la masa de materia necesaria para estar presente antes de que se sienta la fuerza, más débil se considera que sea la fuerza. Así, la fuerza gravitacional, que actúa principalmente sobre las cantidades más burdas de importancia, es considerada como la fuerza más débil; la fuerza, por el contrario, que actúa sobre los quarks (el componente más pequeño de la materia), se considera ser la fuerza más fuerte. **(Véase tabla 6)** Las características identificadas de las fuerzas son las siguientes:

La fuerza gravitacional

Esta fuerza influye en todas las partículas en que las atrae una a la otra, y su alcance es ilimitado en un sentido teórico; sin embargo, su efecto sobre las partículas subatómicas, es insignificante.

La fuerza débil

La fuerza débil es la segunda fuerza más débil, pero sigue siendo en muchas órdenes de magnitud más fuerte que la de la gravitación. Es todavía lo suficientemente débil para ser observable sólo cuando las dos fuerzas fuertes están, por alguna razón, inhibidas. Las interacciones donde se exponen incluyen: cargas de deterioro pión, hadrones extraños y entre los leptones, mesones y bariones.

La fuerza electromagnética

La tercera fuerza es la fuerza electromagnética. Esta fuerza actúa exclusivamente sobre las partículas que tienen una carga eléctrica. Entre estas partículas son dos de los leptones (el electrón y el muón) y todos los quarks. Es la fuerza electromagnética que une a los atomos y es de ahí responsable de todas las propiedades de la materia. Esto incluiría aquellos designados como químicas, eléctricas y magnéticas.

Caracteristicas de la Fuerza
——————Tabla 6——————

FORCE	RELATIVE STRENGTH	RANGE	PARTICLE(S) ACTED UPON	ACTIVATING BOSON
STRONG FORCE	1	Short Range	Quarks	Gluon
ELECTROMAGNETIC FORCE	10^{-2}	Long Range	Charged particles	Photon
WEAK FORCE	10^{-5}	Short Range	Quarks and Leptons	Intermediate vector boson
GRAVITATIONAL FORCE	10^{-39}	Long Range	All Particles	Graviton/ Higg's Boson

Tabla 6 Características de las Fuerzas

La fuerza fuerte

La fuerza fuerte subraya la diferencia entre leptones y Hadrones, o, según la teoría del quark, entre leptones y los quarks. Ninguno de los leptones responden a la fuerza. Sólo los quarks (y hadrones que se componen de quarks) sienten su influencia. Los quarks pueden interactuar con leptones a través de las fuerzas electromagnéticas y débiles, pero los quarks interactúan entre sí casi exclusivamente a través de la fuerza fuerte. Estas interacciones son lo que unen a los quarks en protones y neutrones, mientras que la fuerza electromagnética une el núcleo positivo y negativo de los electrones juntos en la estructura que llamamos el átomo. La fuerza es más de cien veces más fuerte que la fuerza electromagnética.

Capítulo 6

Teoría de la simetría de las fuerzas

Las fuerzas experimentan una redefinición en física de partículas elementales en contraste con su significado en la física newtoniana clásica, es decir, "un empuje o tire de un objeto". En la física de partículas elementales, las fuerzas tienden a decir "una interacción entre". Exclusivo de la fuerza gravitacional, que sigue siendo algo de una anomalía, las fuerzas dependen para su significado definitivo en lo que se denomina "Reglas de simetría".

Resumen

Otras expresiones para las cuatro fuerzas, que son útiles en el estudio de la teoría de la simetría, son:

1) La fuerza electromagnética se denomina QED o Electro-dinámica cuántica.
2) La fuerza fuerte se denomina QCD o Quantum Chromo-Dynamics.
3) La fuerza débil se denomina QSD o Spin-dinámica cuántica.

Los términos QED, QCD, QSD en efecto definen el tipo de reacción que el bosón de cada fuerza es capaz de lograr en un Fermión. Una forma más expansiva de mirar estas tres fuerzas, que en esta escritura se han definido con relativa suficiencia, implica utilizando la teoría de la simetría.

En teoría de la simetría, el bosón involucrado en cada tipo de fuerza es examinada en términos de a) Cuántas partículas puede afectar a la vez, y b) ¿Qué tipo de carga un bosón de es fuerza es capaz de representar. La etiqueta que refleja la simetría de una fuerza consiste en una letra (o letras) seguido de un número entre paréntesis. La letra "S" representa la suma de las cargas débiles de un doblete que es cero; la letra "U" se refiere al hecho de que lo que estamos buscando es una teoría unificadora global de fuerzas; el número entre paréntesis señala con cuántas partículas el bosón en cuestión puede reaccionar en cualquier momento. Dentro del marco o terminología, la fuerza electromagnética de QED se considera que posee una simetría U(1); la fuerza débil o QSD es retratada mostrando una simetría SU(2); y la fuerza fuerte o QCD es señalada como teniendo SU(3) simetría.

Dinámica cuántica Electro: Simetría U(1)

La fuerza electromagnética se considera que poseen una simetría U(1) porque el bosón de QED, el fotón, reacciona con solamente una clase de partícula a la vez. Nunca transforma un tipo de partícula en otra. La "U" señala que es parte de la teoría de la unificación, y no hay ninguna S porque no ha cambiado ninguna partícula en otra ya que un fotón afecta sólo a una partícula a la vez.

Quantum Chromo-dinámica: Simetría SU(3)

La fuerza fuerte o QCD es señalada en poseer una simetría SU(3). Una vez más, la "U" representa que estamos buscando una unificación de todas las fuerzas: una manera fundamental, es decir, otro referente de un bosón. El "3" representa que los bosones de fuerza, los gluones, son capaces de transformar los tres "colores" de quarks (una calidad adicional asignada del quarks) el uno al otro. La "S" representa que la suma de las cargas de color (cuando están presentes tres quarks) es cero; la calidad de la carga de color, por lo tanto, es generalmente imperceptible en nuestro universo en conjunto, donde importa (como lo conocemos) siempre está compuesta por protones y neutrones que uno de cada color del quark presente.

Cuántico Spin-dinámica: Simetría SU(2)

La fuerza débil o QSD, es retratado mostrando una simetría SU(2). El "2" aquí significa cambiar el hecho de que dos miembros de lo que se denomina un "doblete", puede ser cambiado (a través de la fuerza débil) o "transformado" entre sí. Esto está explicado en los párrafos subsiguientes ilustrados en la **tabla 7**. La "U" reafirma que el bosón ha sido suficientemente descrito o es parte de la teoría de la unificación. La "S" nos dice que la suma de las cargas débiles de un doblete están presentes, se cancelan efectivamente mutuamente en cuanto a su capacidad de detección en cifras brutas de la materia.

Ejemplos de dobletes débiles incluyen:
———————Tabla 7———————

left-handed u-quark (positive 1/2 weak charge)	and	left-handed d-quark (negative 1/2 weak charge)
left-handed e-anti-neutrino (positive 1/2 weak charge)	and	left-handed electron (negative 1/2 weak charge)
right-handed e-neutrino (positive 1/2 weak charge)	and	right-handed e-antineutrino (negative 1/2 weak charge)
right-handed d-antiquark (positive 1/2 weak charge)	and	right-handed u-antiquark (negative 1/2 weak charge)

Tabla 7 Ejemplos de dobletes débiles

La fuerza débil ha mantenido algo de anomalía, mientras que la fuerza electromagnética y la fuerza han sido más claramente definidas en la última década. Parte de la razón de esto puede ser que algunas de las reacciones que explica la fuerza débil han sido tradicionalmente incorporadas en otros epígrafos de la física como las reacciones nucleares, **Tabla 8**. El retrato de la fuerza débil de transformación no modifica lo que está sucediendo en estos cambios nucleares, pero más bien le da una explicación más detallada de cada reacción, que parece funcionar mejor que las teorías que han existido en el pasado. Uno de los atributos interesantes de la fuerza débil es que las partículas sólo para zurdos y anti-particulas diestras—llevan una carga débil.

Ejemplos de transformaciones débiles
———— Tabla 8 ————

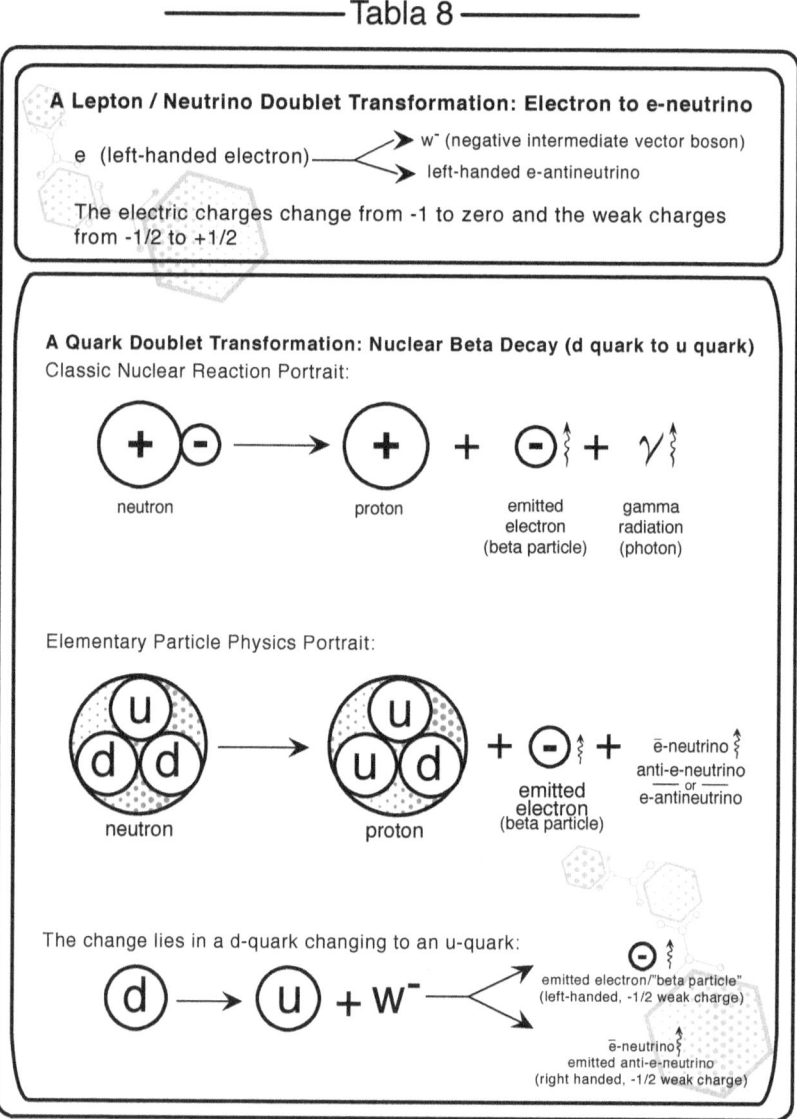

Tabla 8 Muestra Transformaciones Débiles

En resumen, la fuerza débil se muestra en términos de los bosones de Vector intermedio que son capaces de transformar uno de los miembros de un doblete en el otro miembro.

Las Fuerzas que se redefinen en el contexto de la física de partículas.

En el estudio de la simetría o semejanzas que existen entre las fuerzas, sería prudente para recordarnos que en la física de partículas elementales, la "fuerza" se convierte simplemente en un nombre para la capacidad de cambiar los ímpetus individuales, la energía o la identidad de los objetos o partículas. Las unidades que se intercambian entre las partículas de materia (fermiones) se denominan bosones y son las unidades de la fuerza. Una de las diferencias esenciales entre las fuerzas es el rango en el cual tienen efecto. Por ejemplo, la fuerza fuerte y la fuerza débil son muy diferentes con respecto a las distancias sobre las que afectan a las partículas. Las reacciones asociadas con la fuerza fuerte tienen un 50% de probabilidad de que se producen en materia 10^2 cm. (!) de la materia en grueso; la fuerza débil, por el contrario, requiere 10^{13} cm. (!) de la materia en grueso antes de que haya un 50% de probabilidad de la reacción. Esto es, con toda probabilidad, la razón de que los términos "fuertes" y "débiles" fueron aplicados a estas reacciones cuando fueron nombrados.

Una de las funciones básicas científicas y filosóficas de la física de partículas elementales es, quizás, buscar una unidad entre los tipos de fuerzas y garantizar así una comprensión más profunda de la naturaleza de nuestro universo. Una de las proposiciones en las que se ha investigado con respecto a una unificación fue hecha en 1974 por Helen R. Quinn, que está ahora en el Stanford Linear Accelerator Center, por Steven Weinberg de la Universidad de Harvard y Howard Georgi, también profesor de física en Harvard.

Unificación ampliada: SU(5) simetría

Lo que se propone es una partícula que se puede intercambiar entre las tres fuerzas, QED, QSD y QCD, con el fin de proporcionar una unidad subyacente entre ellos. Esta partícula se propone tener una simetría SU(5). La distancia a la cual deben ser partículas, con el fin de intercambiar y tener este tipo de simetría estaba decidido a ser 10^{-29} centímetros, y la partícula fue llamada una partícula "X". Esta distancia es sumamente pequeña, pero en esta distancia X las partículas pueden intercambiarse y son capaces de transformar un quark en un lepton o un quark en un anti-quark. En teoría, a esta distancia la fuerza fuerte, la fuerza débil y la fuerza electromagnética se unifican. Además, hay una distancia aún más pequeña en la cual se conjeturaban nuevos fenómenos e incorporaban el concepto de la unidad de fuerza gravitatoria. En unos 10^{-33} centímetros, se ha sugerido por algunos que la gravitación puede llegar a ser tan fuerte como las otras tres fuerzas.

Para empujar las partículas sub subatómicas dentro de 10^{-29} centímetros uno del otro requieren fuerzas o energías más allá de las capacidades del hombre de hoy. Una distancia de 10^{-29} centímetros en proximidad corresponde a o requiere una energía de unos 10^{15} GeV (gigavolts), o aproximadamente 10^{15} veces la masa en reposo de un protón. Si en su distancia un quark de hecho puede ser cambiado en un lepton, la energía requerida para esta cantidad de compresión de la materia estaba probablemente presente solamente al principio del universo. Esto no es ciertamente ningún peligro íntimo al hombre moderno. El hecho es, sin embargo, que los componentes del átomo como sabemos son teóricamente capaces de derribarse. Nuestro universo y nosotros mismos no podríamos entonces existir. Las energías necesarias para hacerlo (o la cantidad de tiempo implicado) son, sin embargo, increíbles. La estimación actual es que la vida promedio de un protón es aproximadamente 10^{31} años. Esto es mucho más allá de las formas de las expectativas de vida, con el cual estamos familiarizados en nuestro planeta!

Esto, sin embargo, posee una pista sobre el tipo de reacciones que estaba teniendo nuestro universo cuando era muy, muy nuevo. En ese horno azul-blanco intensamente caliente, increíblemente comprimido de materia y energía, el cosmos como lo conocemos hoy nació. En nuestro universo de refrigeración alguna vez, tal vez las conjeturas relativas a nuestro pasado pueden dar lugar a fascinantes retratos de nuestro futuro también.

Capítulo 7

El rompimiento de la simetría

En los primeros segundos de la existencia del universo, había materia-energía, con una simetría completa entre las dos: Dentro de los primeros pocos microsegundos de tiempo, tanto la identidad y la simetría dentro de cada categoría se rompió y el material del universo se enfrió. La visión general que sigue es una introducción simple de lo que las teorías proponen que pudo haber pasado en la formación de la materia-energía, es decir, los fermiones y bosones, como los conocemos hoy en día. Es un escenario del comienzo de los tiempos.

Los fermiones como categoría, primero se rompieron o se dividieron en quarks y leptones. La principal diferencia entre ellos radica en el hecho de que los leptones no se vieron afectados por la fuerza nuclear fuerte y no se agrupan, mientras que los quarks se vieron afectados por la fuerza fuerte y se pueden combinar en unidades hoy llamados hadrones.

Luego, los quarks perdieron la similitud entre ellos y se desarrollaron en las entidades separadas que están siendo descubiertas hoy en día. La primera generación incluía los quarks de arriba y abajo, la segunda generación incluía los quarks encantados y los extraños, y la tercera generación incluía los quarks upsilón y tau (o la parte superior e inferior).

La categoría de leptones también se conjetura que se había dividido en una familia de diferentes unidades en los primeros segundos de existencia. La primera generación de leptones se conjetura que se incluían los electrones (que tienen masa) y la dirección de neutrinos (no tienen masa.) Una segunda división en identidad se produjo con la segunda generación de leptones compuesto por el muón y el mu—neutrino. La tercera generación que se dividió produjo el leptón tau y tau—neutrino.

Entre los leptones, cada generación incluyó una masa y una partícula sin masa.

En realidad, la primera generación de cuatro fermiones, los quarks arriba y abajo y el electrón y leptones e—neutrinos son todo lo que es necesario para explicar la composición de la materia ordinaria, las partículas restantes segunda o tercera generación aparecen sólo en los experimentos de alta energía, incluso hasta hoy en día.

Al principio de los tiempos, todas las unidades de fuerza (energía), los bosones, se conjetura que habían sido idénticos. Ante las tremendas energías presentes en los primeros microsegundos de tiempo (definición igual a una masa de Planck, que se produce en 10^{19} GeV), se cree que las interacciones gravitacionales de partículas habían tenido una importante influencia en su comportamiento. El acelerador de partículas más grande construido hoy en día aún tiene que alcanzar 10^3 GeV. Las condiciones actuales en el comienzo de nuestro universo, están por lo tanto, lejos de la capacidad de la reproducción experimental.

La primera división

La primera división de la identidad de los bosones ocurrió cuando el universo se enfrió en los primeros segundos después de la explosión inicial, fue la división entre la Fuerza Gravitacional y después de la explosión inicial, fue la división entre la Fuerza Gravitacional y la Fuerza Hyper—Débil. **(Ver Tabla 9)** La pelota de béisbol vector intermedia es un enorme boson asociado con la Gravitación, y el bosón más pequeño se aplica a la Fuerza de Hyper—Débil. Aun asi contaba con la energía suficiente, para cambiar efectivamente los quarks a leptones o leptones a quarks. A esto se le llama la Gran Teoría Unificada, y se produce a niveles de energía de 10^{15} GeV. Aunque se trata de un nivel "bajo" en energía, esa gravitación es una fuerza independiente, las otras tres fuerzas (fuerte, electromagnética y débil) siguen siendo idénticas, **Tabla 9**.

El rompimiento de la sim

——————————— Tab

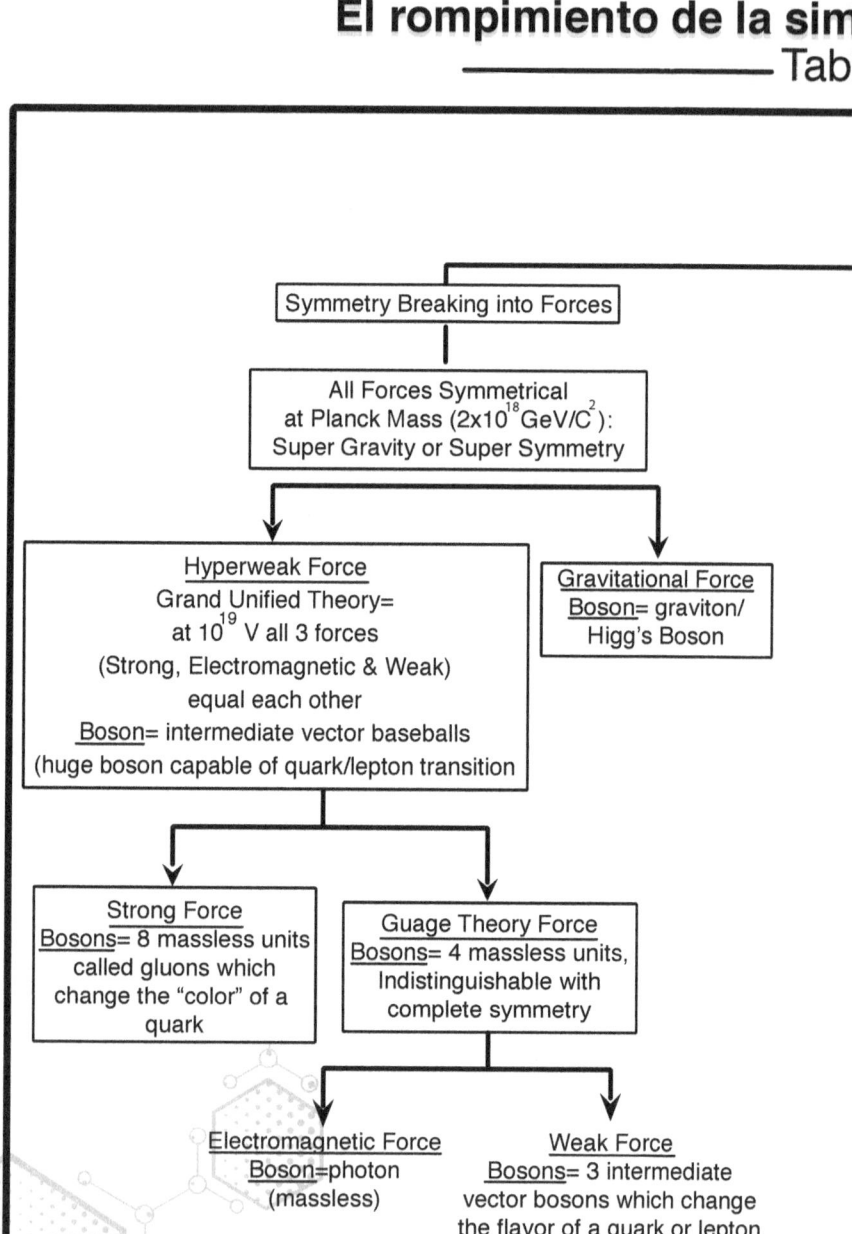

Symmetry Breaking into Forces

All Forces Symmetrical
at Planck Mass (2×10^{18} GeV/C^2):
Super Gravity or Super Symmetry

Hyperweak Force
Grand Unified Theory=
at 10^{19} V all 3 forces
(Strong, Electromagnetic & Weak)
equal each other
Boson= intermediate vector baseballs
(huge boson capable of quark/lepton transition

Gravitational Force
Boson= graviton/
Higg's Boson

Strong Force
Bosons= 8 massless units
called gluons which
change the "color" of a
quark

Guage Theory Force
Bosons= 4 massless units,
Indistinguishable with
complete symmetry

Electromagnetic Force
Boson=photon
(massless)

Weak Force
Bosons= 3 intermediate
vector bosons which change
the flavor of a quark or lepton

Tabla 9 El rompimiento de la simetría y las generaciones

etría y las generaciones
la 9 ——————————

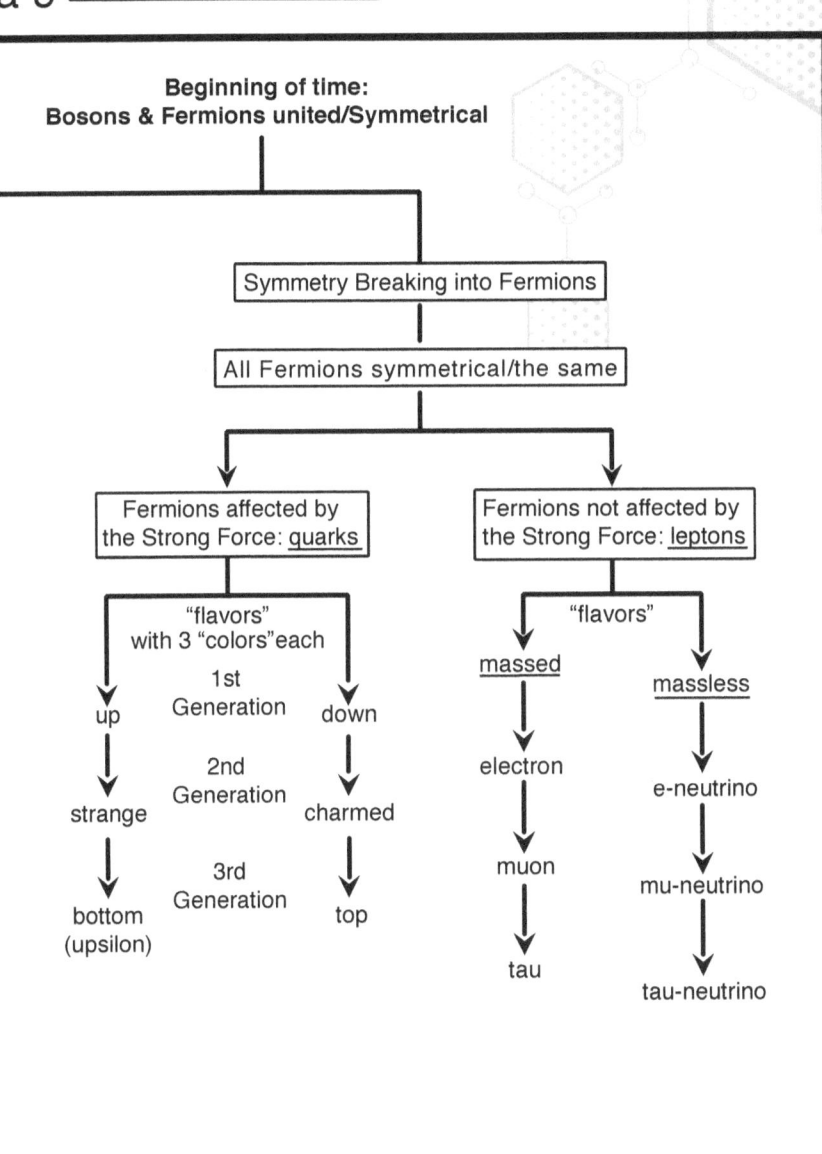

Beginning of time:
Bosons & Fermions united/Symmetrical

Symmetry Breaking into Fermions

All Fermions symmetrical/the same

Fermions affected by
the Strong Force: <u>quarks</u>

Fermions not affected by
the Strong Force: <u>leptons</u>

"flavors"
with 3 "colors"each

1st
Generation

up   down

2nd
Generation

strange   charmed

3rd
Generation

bottom   top
(upsilon)

"flavors"

<u>massed</u>   <u>massless</u>

electron   e-neutrino

muon   mu-neutrino

tau   tau-neutrino

La segunda división

La siguiente ruptura en la simetría entre las fuerzas ocurrió cuando la Fuerza Hyper—Débil se subdividió en la fuerza fuerte con ocho masas menos bosones. En este punto, la subdivisión quark / leptones se hace posible ya que ahora existe una fuerza que afectó sólo a los quarks. Las fuerzas eran en ese momento solo tres, a sólo micro—segundos en la existencia del universo: la fuerza de la gravedad, la fuerza nuclear fuerte y la fuerza de la Teoría Gauge.

La division final

La ruptura definitiva de la simetría o identidad entre los bosones de fuerza se produjo cuando los cuatro idénticos, menos los bosones masivos de la Fuerza de la Teoría Gauge se separaron en la masa menos bosones de la fuerza electromagnética, el fotón y los bosones masivos de la fuerza débil, los bosones vectoriales intermedios.

Las leyes de la naturaleza tienen, al parecer, han evolucionado de un estado más simple al presente estado más complejo. Las fuerzas y los bosones que los transportan originalmente tenían una simetría o semejanza que era tal que podían intercambiarse libremente. No importaba que fuerza se aplicara, ya que el efecto sería el mismo. Una vez que la simetría se rompía, esto ya no era verdad. Las diferencias entre las fuerzas que observamos hoy, son resultado de un proceso, el cual se acaba de explicar, llamado ruptura espontánea de la simetría. Después de que la simetría se rompía, cada uno de los bosones tenían diferentes efectos sobre los fermiones, y sólo uno (el fotón) permanecía con menos masa.

Resumen

En el principio de los tiempos, las mismas fuerzas primitivas, con el masivo nivel de energía presente en este momento, tenían simetría completa, los leptones y los quarks eran intercambiables, simétricos y con menos masa. Incluso después de la primera división o ruptura, los fuertes y débiles, y las fuerzas electromagnéticas todavía permanecían unidas. Mientras el reloj universal comenzaba, las temperaturas se enfriaban y las energías caían a lo relativamente "cool" o "fresco" del universo en el presente, "materia" y "energía" asumieron su lugar en el cosmos.

Así, en un soplo de tiempo, el material del universo, "materia-energía/fermión-bosón," perdieron la identidad mutua, rompieron la simetría, y se subdividieron en bosones y fermiones y luego más, en las unidades más discretas en las que las galaxias y de hecho todo el universo de hoy se compone.

Capítulo 8

La unificación de las fuerzas:
Una perspectiva histórica

El esfuerzo realizado por los físicos para desarrollar una nueva terminología y la teoría de la evolución de la imagen de la materia—energía no es un intento de hacer el retrato de nuestro universo más complejo, sino más bien para que sea más simple y más clara. Cuando todas las unidades de la materia y la energía se encuentran bajo la sombrilla de algunos quarks, leptones y bosones, toda la estructura de nuestro universo asume una integridad admirable. Esta integridad tiene una perspectiva histórica, al tiempo que contribuye a una estructura científica.

Kepler, Galileo y Newton

La primera unificación de cualquiera de las cuatro fuerzas se produjo cuando la teoría de la gravedad Celestial propuesta por Kepler en las leyes del movimiento planetario, y la gravedad terrestre presentadas por Galileo, se unificó bajo la Fuerza de gravitación presentada por Isaac Newton en *Principia* publicado en 1687.

Maxwell

Los fenómenos separados de la electricidad, el magnetismo y la luz visible fueron percibidos como repercusiones de la misma fuerza, y se unificaron bajo el título de Electromagnetismo de Maxwell en sus ecuaciones para el campo electromagnético durante el 1800.

Weinberg

Luego, en 1968, Steven Weinberg de la Universidad de Harvard propuso la Teoría Gauge, que une la fuerza electromagnética con la fuerza débil. Este considerado por algunos como particularmente evidente en el caso de la desintegración beta, en el que un fotón es notorio en al menos un tipo de bosón involucrado (El bosón del electromagnetismo es también el fotón.)

A continuación hay una unificación de la Teoría Gauge conjeturada con la fuerza fuerte, ya que los bosones vectoriales intermedios pueden influir tanto en quarks y leptones en ciertos casos. Por último, la unión de Gauge y las fuerzas fuertes (denominado la Gran Fuerza Unificada), entonces podrían unificarse con la gravedad newtoniana, y dar lugar a lo que se denomina teoría Supergravedad, **Tabla 10**.

Resumen

Estas unificaciones, de las cuales la mitad proporciona la base para la física moderna y la otra mitad proporciona, con toda franqueza, algunas conjeturas esotéricas, sí ofrecen sin duda una valiosa contribución a la ciencia. Se continúa la búsqueda incesante de la ciencia para proporcionar una respuesta definitiva acerca de lo que la materia y la energía (y el universo los creó) son en realidad.

Unificación de las Fuerzas
(y las Leyes de la Física)
—— Tabla 10 ——

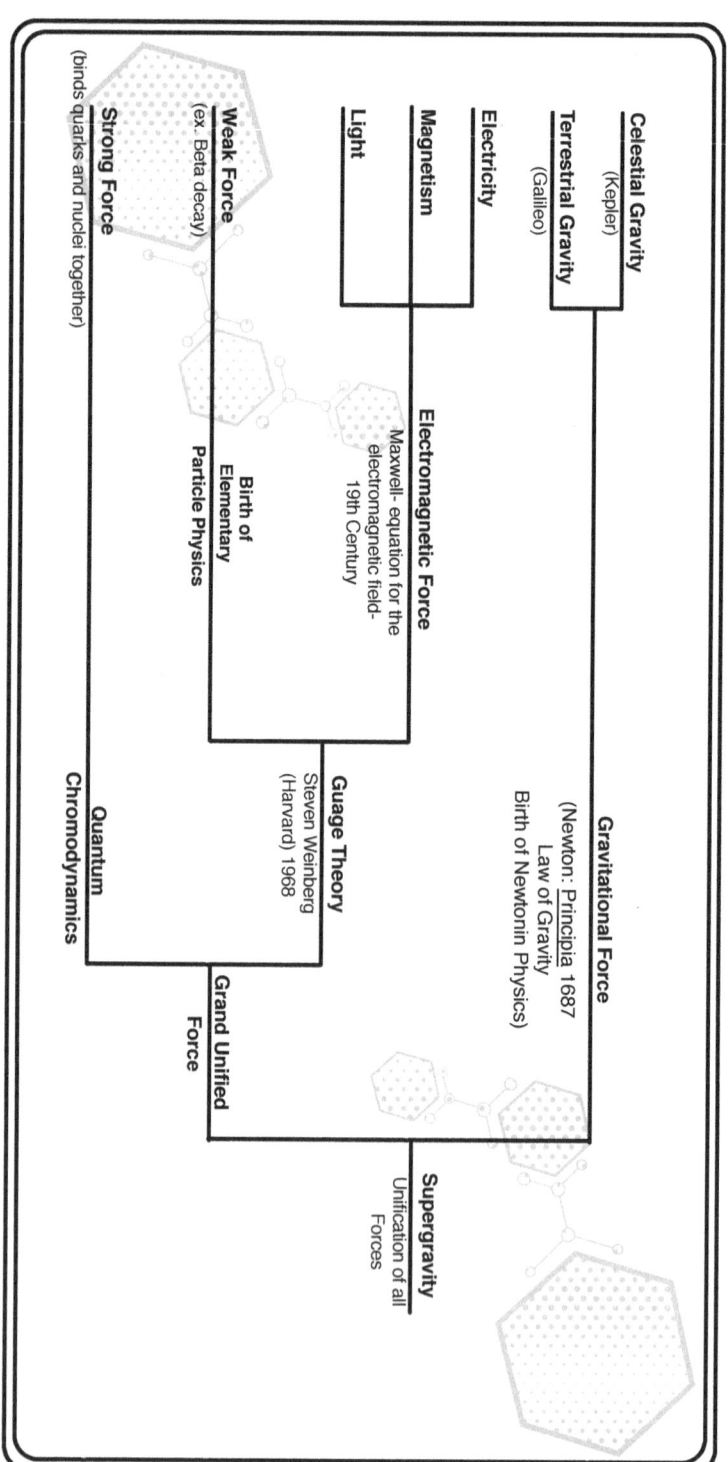

Celestial Gravity
(Kepler)

Terrestrial Gravity
(Galileo)

Electricity

Magnetism

Light

Weak Force
(ex. Beta decay)

Strong Force
(binds quarks and nuclei together)

Electromagnetic Force

Maxwell- equation for the electromagnetic field-
19th Century

Birth of Elementary Particle Physics

Gravitational Force

(Newton: Principia 1687
Law of Gravity
Birth of Newtonin Physics)

Guage Theory
Steven Weinberg
(Harvard) 1968

Quantum Chromodynamics

Grand Unified Force

Supergravity
Unification of all
Forces

Tabla 10 Unificación de las fuerzas

Capítulo 9

Resumen

Los bosones

Por lo tanto, en este retrato actual de la estructura de la materia—la energía que compone el universo, la física de partículas elementales contemporáneas divide los componentes en bosones y fermiones. Los bosones, la cuántica de energía (o fuerzas), actúan sobre los fermiones, que son los componentes básicos de la materia.

Los fermiones

Los fermiones se clasifican en leptones y hadrones los cuales a su vez actúan por cuatro fuerzas.

Los leptones

Los leptones son como puntos en la naturaleza, y son afectados por todas las fuerzas excepto la fuerza fuerte; ejemplos de esta familia incluyen el electrón y el neutrino electrónico.

Hadrones

Los hadrones, por otro lado, se componen de unidades aún más pequeñas, llamadas quark, de los cuales cinco se han descubierto y el sexto se ha conjeturado. Estos quarks están unidos por la fuerza nuclear fuerte a los miembros de la familia de los hadrones, o como más comúnmente los conocemos: el protón y el neutrón.

Aunque hay componentes adicionales de la teoría quark (por ejemplo, el color y el sabor de los quarks, la casi segura posibilidad de que el descubrimiento de unidades adicionales, y la sugerencia de que todo el concepto de "fuerza" se sustituye por el punto de vista de "interacciones"), la presentación aquí, aunque no completamente expansiva en cobertura, puede ser considerada una introducción adecuada a la física de partículas elementales.

Las implicaciones del prototipo de las partículas atómicas sub— sub leptones / hadrón / fuerzas son dominantes. Datos tecnológicos recientes proporcionan orden y estadísticas ratificadas relacionadas a la relación entre la estructura de la materia y las fuerzas que actúan sobre esta, y el advenimiento de la teoría de los quarks, en el que las partículas más elementales de nuestro continuo espacio-tiempo son vistos como poseedores de su diferencia principal en posesión de estas fuerzas, anuncia la reestructuración resultante de la teoría subatómica, revelando mundos dentro de mundos en el nivel micro—cósmico del universo.

Epílogo

Ecos del pasado

Al preparar el camino hacia el entendimiento de los mundos dentro de mundos que habitan en la tierra de la física de partículas, aparecen los nombres de los pioneros en el campo de la ciencia, y con sus nombres un claro entendimiento más clara del origen del nombre de las partículas. Un eco del pasado se encarna en sus nombres, sino que tiende un puente sobre las partículas de las que estamos hechos hacia un futuro que no podemos conocer, salvo fundamentalmente de lo que estamos hechos. Los físicos de Rusia y California han dado nombres curiosos, mágicos y, a veces poéticos a las partículas subatómicas descubiertas durante el último siglo más o menos, incluyendo ¡sus propios nombres!

Comenzando a principios de la división de la simetría en el origen de nuestro tiempo continuo, aparecen los nombres del bosón y el fermión. Los bosones (léase partículas de energía) son una clase de partículas asociadas a menudo con las fuerzas (como los portadores de la fuerza). Se llaman bosones porque obedecen a la estadística de Bose—Einstein, llamado así por el físico indio Satyendra Nath Bose (1894-1974), que fue un contemporáneo de Albert Einstein. El sufijo "—on" en griego, se convirtió en estándar para las partículas recién descubiertas hace un siglo. Los fermiones (léase partículas de materia) son nombrados por Enrico Fermi, físico de origen italiano (1901-1954), quien construyó el primer reactor nuclear experimental, la Pila Atómica de la Universidad de Chicago, que también lleva el nombre de Fermi es Fermilab, 35 millas al oeste de Chicago. El Laboratorio del Acelerador Nacional Fermi es el laboratorio de física de partículas de Estados Unidos.

Los fermiones se subdividen en hadrones y leptones. Estos nombres fueron propuestos por el físico teórico ruso Lev Okun en 1962, cuando escribió: "En este informe que llamaré interacción fuerte de partículas 'hadrones' . . . [ya que] hadros en griego significa "grande", [o] "masivo", En contraste con leptos que significa "pequeño", [o] "ligero" [o delgado]. Espero que esta terminología pruebe ser conveniente".

Los hadrones están compuestos por partículas más pequeñas todavía llamadas quarks, nombradas así por el físico americano Murray Gell—Mann en 1962. Ya había llegado con el concepto, y fue pensando en todas sus letras "kwork". Dice en su libro, el Quark y el Jaguar: "Entonces, en una de mis lecturas ocasionales de Finnegans Wake, de James Joyce, me encontré con la palabra 'quark' en la frase" Tres quarks para Muster Mark", y ¡el nombre nació! Los quarks componen los protones y neutrones en el núcleo atómico, así como muchos otros fermiones. Ernest Rutherford en 1920 nombró el protón, el núcleo de hidrógeno, del griego "protos" griega que significa "primero" dado que el hidrógeno es el primer elemento. Ambos protones y neutrones están hechos de tres quarks. Los mesones son partículas compuestas de dos quarks: un quark y un anti—quark. Ese nombre viene del griego "meso" griega que significa "medio", porque los mesones, cuando se observaron por primera vez, parecían tener una masa en algún lugar entre el electrón, y nucleones (protones y neutrones).

Los leptones en contraste no están compuestos de partes más pequeñas, que son "pointal", e incluyen a los electrones y a los neutrinos. Un electrón, que forma parte de un átomo normal, que orbita alrededor del núcleo, es una cantidad indivisible de carga eléctrica, propuesta en 1894 por el físico irlandés, George Johnston Stoney (1826-1911), derivado de la palabra "electricidad" (o del latín "electrum") más el sufijo griego "—on". El neutrino fue nombrado por Enrico Fermi quien dio el neutrino un nombre italiano el cual significa "neutral pequeña" porque tiene una masa tan pequeña incluso para los estándares de las partículas subatómicas. En realidad, fue primero llamado "neutrones" de Wolfgang Pauli (1900-1958) en 1930, pero cambió el nombre de Fermi tres años más tarde, debido a que "neutrones" (del latín, "neutral") para entonces había comenzado a utilizarse para referirse a la partícula sin carga en el núcleo de un átomo.

Los bosones, partículas de energía, incluyen el gluón, un tipo de bosón responsable de la fuerza fuerte entre quarks. El término deriva de la palabra Inglés "pegamento" y fue propuesta por primera vez en 1962 por Gell—Mann, que también sugirió la existencia de partículas en realidad compuestas por un número de gluones, que él llamó "glueballs". Otro bosón, el fotón, es un nombre derivado del griego "phos" griega que significa "luz". El bosón de Higgs es llamado así por el físico británico Peter Higgs, uno de los primeros en proponer su existencia en 1964. También se ha llamado "la partícula de Dios" por el físico estadounidense Leon Lederman. "Quería hacer referencia a ella como la "partícula maldita" y su editor no lo dejaba," Higgs dijo a *The Guardian*. Así que "partícula de Dios" se quedó; una conjetura mucho más mágica y profunda ha rodeado este bosón por los medios de comunicación debido a la propia potencia de su nombre, cuando en realidad se trataba de ¡una pincelada que lo nombró !

Así que estas son algunas de las historias que rodean a los nombres de las partículas elementales y por el cual se les llama y se les traslada al futuro. Tal es el poder del pasado, de los sueños de hace mucho tiempo, los físicos del pasado, cuyos espíritus vivieron a través de la dedicación de los hombres y mujeres de la ciencia: los que utilizan sus nombres, sus conocimientos, sus espíritus de energía, para arquearnos a nuestro futuro entendimiento de la materia fundamental de nuestro tiempo—continuo y a las hebras de partículas elementales de las que estamos hechos.

Preguntas de repaso

1. ¿Cuáles son las partes de un átomo? ¿Cómo son diferentes?
2. ¿Qué mantiene a los electrones en órbita alrededor del núcleo?
3. ¿De qué se dió cuenta Newlands que lo llevó a crear la tabla de los elementos?
4. El sistema periódico de Mendeleev dejó espacios vacíos, ¿Por qué?
5. ¿Más o menos cuántos elementos sabemos ahora?
6. ¿Son en su mayoría los elementos metales, no-metales, o gases inertes?
7. ¿Cuál es la diferencia entre un Bosón y un Fermión?
8. Menciona las cuatro fuerzas principales reconocidas en la Partícula Elemental de la Física.
9. ¿Cómo es que la Fuerza resistente subdivide efectivamente a los dos subgrupos de Fermiones, Leptones and Hadrones?
10. Explica la diferencia entre dos famílias de hadrones, bariones, y mesones, en términos de números de quark que cada uno contiene.
11. Discute el Principio de la Incertidumbre de Heisenberg.
12. Menciona y brevemente discute las tres propiedades principales que posee un quark.
13. ¿Es el concepto de la unificación de las fuerzas una nueva idea? Dá un ejemplo específico y apoya tu respuesta.
14. ¿Cómo combina la Exclusión del principio de Pauli con la teoría de la Fuerza resistente para diferenciar a los leptons de los hadrones?
15. Científicos:

- ¿Quién propuso que cada ocho elementos actúan igual?
- ¿Quién es acreditado de haber inventado la Tabla Periódica?
- ¿Quién propuso la teoría del quark en 1963?
- ¿Quién nombró el quark encantado?
- ¿En qué unversidad trabajó el científico que nombró el c quark?

16. ¿Qué dos fuerzas une a la teoría del calibre, quién es su oponente, y de qué universidad origina su trabajo?

Glosario de términos

1. **Átomo**—unidad básica de la materia, más de 100 descubiertas o hechas.
2. **Baryón**—Un hadrón compuesto de tres quarks.
3. **Bosón**—Unidad análoga a la energía, la cual es intercambiada entre fermiones eléctricamente cargados. No cumple el Principio de Exclusión de Pauli.
4. **Fuerza Electromagnética**—Causa interacciones entre fermiones eléctricamente cargados.
5. **Electrón**—partícula subatómica negativa la cual orbita el núcleo de un átomo.
6. **Tabla Periódica Expandida**—Coloca todos los elementos en una tabla.
7. **Fermión**—Una unidad análoga a la materia, la cual interactúa con otros fermiones al intercambiar bosones. Cumple el Principio de Exclusion de Pauli.
8. **Fuerza**—Fenómeno observado de objetos cambiando el impulso y energía cuando están cerca el uno al otro.
9. **Gluón**—Boson la Fuerza Fuerte.
10. **Fuerza Gravitacional**—Atrae cantidades enormes de fermiones a otros fermiones.
11. **Gravitón**—Bosón de Fuerza Gravitacional.
12. **Hadrón**—Un fermión el cual está hecho de partículas muy pequeñas llamadas quarks.
13. **Bosón Vectorial Intermedio**—Bosón de la Fuerza Débil.
14. **Ley de las Octavas**—declara que cada siete elementos repiten características.
15. **Leptón**—Fermión fundamental sin carga hadrónica o de color, no compuesto de partículas pequeñas.

16. **Mesón**—Un hadrón compuesto de dos quarks.
17. **Núcleo**—el centro de un átomo compuesto de protones y neutrones.
18. **Neutrón**—partícula neutral localizada en el núcleo de un átomo.
19. **Tabla Periódica de los Elementos**—Es una gráfica la cual organiza todos los elementos conocidos para mostrar sus medidas y características.
20. **Fotón**—Bosón de la Fuerza Electromagnética.
21. **Protón**—Partícula positiva sub-atómica localizada en el núcleo de un átomo.
22. **Quark**—Unidad compuesta de fermiones.
23. **Fuerza Fuerte**—Une a los quarks en hadrones.
24. **Fuerza Débil**—Cambia el quark o leptón en unidades en pareja.

Bibliografía

Abbott, Larry. "The Mystery of the Cosmological Constant," *Scientific American*, Vol. 258, #5, pp. 106-113

Adair, Robert. *The Great Design: Particles, Fields, and Creation.* Oxford University Press, 1987.

Adair, Robert. "A Flaw in the Universal Mirror," *Scientific American*, Vol. 258, #2, pp. 50-56, 2012.

Bartrom, L. et al. (1983) *School Science and Mathematics*.

Clark, R.C. & Lyons, C. (2011) *Graphics for Learning*—2nd Edition.

Feinberg, Gerald. *What is the World Made Of?* Anchor Press, New York, 1978 Feynman, Richard P. *Elementary Particles and the Laws of Physics: The 1986 Dirac Memorial Lectures.* Cambridge University Press, 1987.

Freedman, Daniel Z. and Peter van Nieuwenhuizen. "Supergravity and the Unification of the Law of Physics," *Scientific American*, Vol. 238, #2, pp. 126-143.

Frey, Raymond. *Elementary Particles*, lecture series. University of Oregon, 2013.

Gaillard, Marg K., Benjamin W. Lee and Jonathan L. Rosner. "Search for Charm," *Review of Modern Physics*. Vol. 47, #2, pp. 277-298

Georgi, Howard. "A Unified Theory of Elementary Particles and Forces," *Scientific American.* Vol. 258, #3, pp. 48-56.

Higgs Boson (2013) *http://home.web.cern.ch/about/physics/ search-higgs-boson*

Hirsch, M., Päs, H., and Porad, Werner. "Ghostly Beacons of the New Physics", *Scientific American*, April 2013. pp 40-47.

Hoofti, Gerard. "Guage Theories of the Forces Between Elementary Particles," *Scientific American*, Vol. 242, #6, pp. 104-141

Jaffe, R. L. "Quark Confinement," *Nature*, Vol. 268 pp. 201-208

Kamenluchi, S., H. Ezawa, Y. Murayama, M. Namiki, S. Nomura, Y. Ohnuki And T. Yajima. *Foundations of Quantum Mechanics in the Light of New Technology.* Physical Society of Japan, 1984.

Krauss, Frank. *Introduction to Particle Physics*, lecture series. University of Durham, Stockton, England, Epiphany Term, 2010. Lederman, Leon M. "The Upsilon Particle," *Scientific American*, Vol. 239, #4, pp. 72-103.

Mendeleev, Dmitri. (1869) *Zeitschrift für Chemie.*

Newlands, *John A. R.* (1865) *Chemical News.*

Ohanian, Hans C. *Gravitation and Spacetime*, W. W. Norton and Co., 1976.

Polkinghome, J. C. *The Quantum World.* Princeton University Press, 1985.

Rae, Alastair I. M. *Quantum Physics: Illusion or Reality?* Cambridge University Press, 1986

Schwitters, Roy. "Fundamental Particles with Charm," *Scientific American*, Vol. 237, #4, pp. 56-83

Shimony, Abner. "The Reality of the Quantum World," *Scientific American,* Vol. 258, #1, pp. 46-53

Standard Model of Particle Physics (2012) *http://physics.info/standard/ Vee Mapping with Junior High School Science Students.* Science Education (p. 625).

Wilczek, Frank. *The Physics of Nothing. http://www.pbs.org/wgbh/nova/ physics/* blog/author/fwilczek/

Zukav, Gary. *The Dancing Wu Li Masters: An Overview of the New Physics.* Wm. Morrow and Co., New York, 1979.

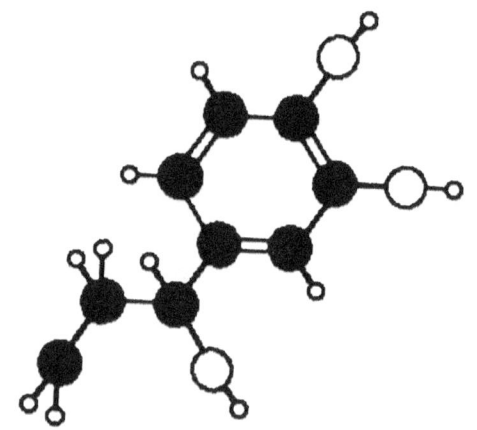